天上落下了恐龙尿

〔韩〕姜京儿/文　〔韩〕安宁达/图　章科佳 徐小晴/译

CNS | 湖南少年儿童出版社 HUNAN JUVENILE & CHILDREN'S PUBLISHING HOUSE ·长沙

1.小水滴聚集在一
起形成云，水滴越
来越多，就变成雨
落到地面。
2.雨水渗入地下
并积聚起来。

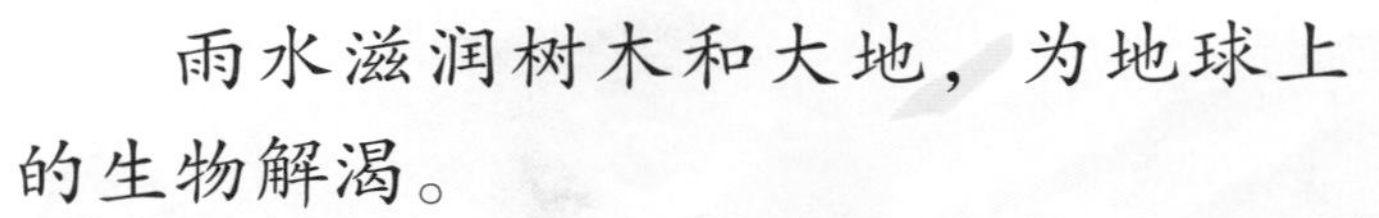

雨水滋润树木和大地，为地球上的生物解渴。

然后受到阳光照射，变成水蒸气升空，汇聚成云后又重新变成雨水落到地面。

雨水这种在天地之间来回的长途旅行，从地球刚诞生的时候开始一直持续到了现在。

4.升空的水蒸气乘风四处飘游变成小水滴，并形成了云。

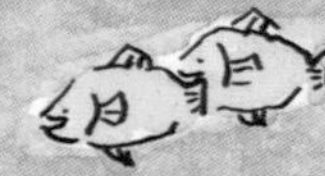

3.而那些不能继续渗入地下，只能留在地表的雨水在阳光的照射下变成水蒸气升空。

一直以来，我们的祖先就以农耕为生。
雨水对农事，比如稻田的耕作来说必不可缺。
因为水稻只有吸饱了水分才能长得好。
因此农夫会在稻田附近建一个水塘或蓄水池，用于存储雨水。
当稻田干旱的时候，就可以引水灌溉。

水塘 用于储水的坑。

在倾斜的山地也可以进行稻田耕作。这种田地称为“梯田”。梯田是利用山势自然留存雨水而形成的田地。

家中也会存储雨水使用。

下雨的时候，人们就会在屋檐下放巨大的缸接雨水。

用缸里存储的雨水来煮茶和做饭。

雨水对于缺少淡水的海岛居民和深山居民来说，是非常珍贵的。

2004 年，一场海啸袭击了印度尼西亚班达亚齐，
汹涌的波浪造成了巨大的损失。
幸存的人们需要即饮的淡水，
但是井水里掺杂着咸涩的海水，不能饮用。
这时候代替饮用水的就是雨水。
雨水在不可预测的自然灾害面前，
发挥了巨大的作用。

因为海啸，井水不能喝了，我们还是离开村子吧。
等一下。
喝雨水就可以了。
只要用一个大桶，把沿屋顶流下来的雨水接起来。
就能获得干净的淡水了。
谢谢您，多亏了雨水，现在我们也不用离开村子了。

不过，现在已经很少有人接存雨水使用了。

一般都是使用自来水或抽取地下水，前者的水源引自江河，后者则来源于地下深处。

只要打开水龙头，水就会哗啦啦地流出来。
大家都能方便地使用自来水或地下水了。

含有污染物质的桶或管道等深埋地下后，随着时间的流逝而老化，就会出现裂缝或破损。此时污染物就会漏出，渗入地下，污染地下水。
雨水渗入地下汇聚而成的水，就是地下水。

每当盖高楼大厦的时候，建设如蜘蛛网一般纵横交错的地铁的时候，人们就会把地挖得更深，导致地下水的自然分流体系被破坏得更多，有的地下水甚至会被直接排入下水道。

如此珍贵的地下水就这样被丢弃的话，
只要稍有干旱，江河很快就会见底，
井水也很容易枯竭，地下水也不像以前那么容易抽取。
现在，人们需要从更远更深的地方引水。

生产商品的工厂
需要大量的水，
饲养家畜和种植农作物
的地方也需要水。
因此江河和地下水正在枯竭。
而人们却还在大肆使用水，
连蓄水的时间都没有。
101
103
澡堂
澡堂
百色洗衣店
休业
休业
休业
田螺餐厅

城市的夏天是不是让你感觉一整天都酷热难当？

深色的柏油路不断吸收着热量，热量无法向下传导，又传导至地面，加剧城市里温度的升高；一辆辆

疾驰而过的汽车排放的尾气也让人感到越来越憋闷。

但只要来一场大雨，就能驱散夏日的闷热，带来舒爽的感觉，也会让空气变得很清新。

为了应对不怎么下雨的旱季，如何把雨水存储起来呢？

在屋顶架设接水的装置，用长长的管道将雨水接入放在下面的储水桶。就像把钱存入储蓄罐那样，把雨水也存起来。

刚开始落下来的雨水中混入了很多飘浮在空中的污染物。因此，刚开始落下的雨水要任其流走，等过一段时间后，再接雨水入桶。

住宅公寓或大厦等较大建筑的屋顶可架设接雨水的装置，雨水进入该装置后通过干净的管道进入位于地下的储水装置。

那么，存储的雨水可以在何处使用呢？

家里到处都可以用，因此用处非常大。

以前，把雨水烧开或用木炭过滤几遍还能用作饮用水。
雨水还能用来浇植物。雨水中含有令植物更好生长的养分，种出来的蔬菜和水果更加新鲜。
地下储存的雨水可以起到调节温度，节约能源的作用。夏天可以降低地面温度，变得更加凉爽；冬天可以升高地面温度，变得更加温暖。

储存的雨水还能用来清洁道路。

道路两侧都积满了灰尘，汽车在道路上飞驰而过，就会把灰尘扬到空中。

飞扬的灰尘对行人的健康不利，这时候用雨水清洁道路的话，街道就会干净很多。

不仅如此，雨水还可以填满公园里的小池塘。

这类水池可以为来公园散步的人们提供观赏的场所。

对孩子们来说，它们也是不可多得的生态学习园地。

雨水在动物园的用处也很大。
它可以用于清洁动物的圈舍，
还能用于培育园内的植被。

雨水还能用于机场等大型场所的洗手间。

机场等大型场所的流动人口很多，使用洗手间的人也会很多。

在现实生活中，如新加坡樟宜机场、苏黎世机场、布鲁塞尔机场等就有将雨水循环再利用的设备。

雨水通过雨水回收装置后用于洗手或冲洗座便器等。

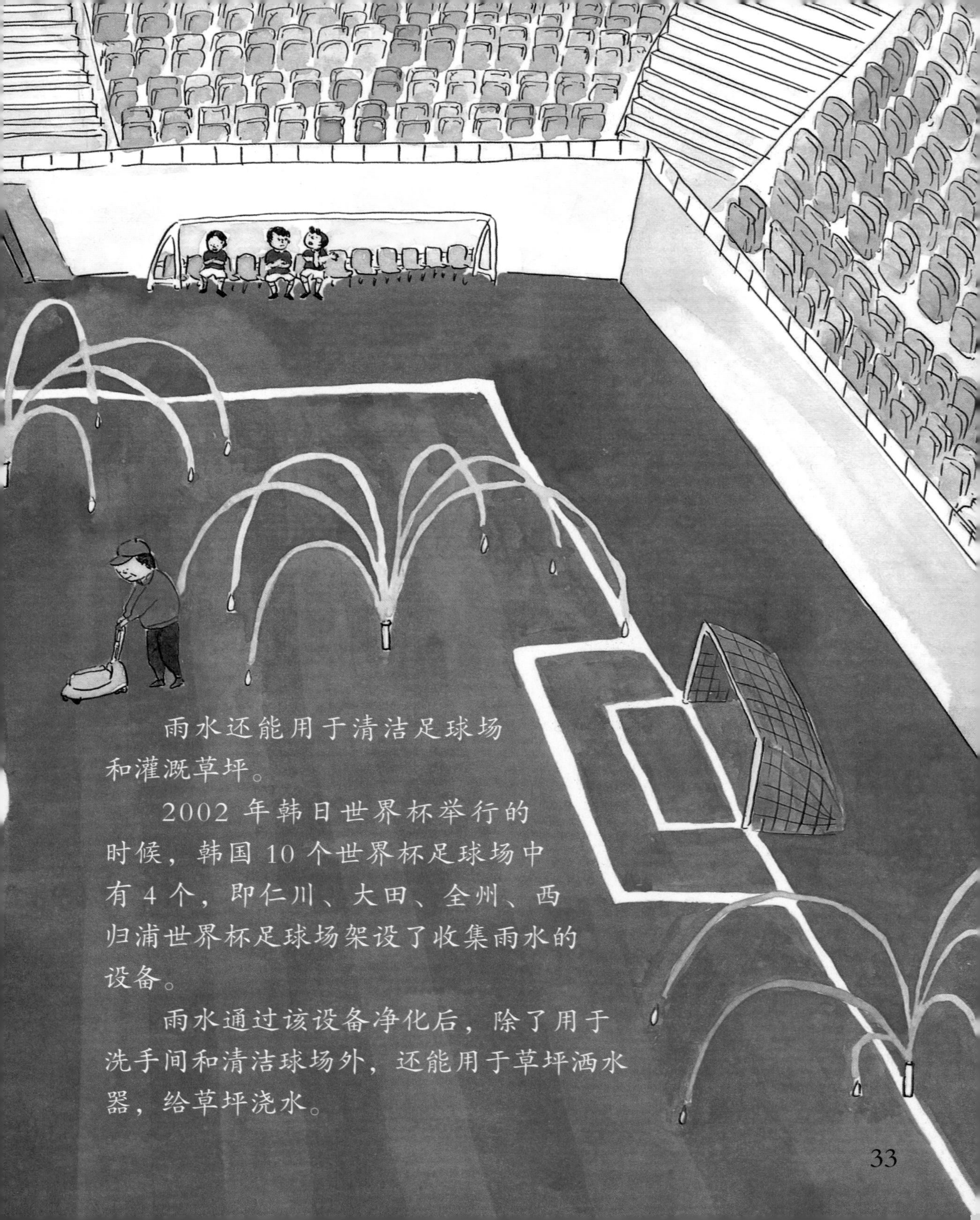

雨水还能用于清洁足球场和灌溉草坪。

2002 年韩日世界杯举行的时候，韩国 10 个世界杯足球场中有 4 个，即仁川、大田、全州、西归浦世界杯足球场架设了收集雨水的设备。

雨水通过该设备净化后，除了用于洗手间和清洁球场外，还能用于草坪洒水器，给草坪浇水。

雨水也能用于扑灭山火。

寒冷的冬季过后，气温逐渐升高，再加上气候干燥，树木也很干燥，这样就容易引发山火。

此时如果山上到处都是储满了雨水的大桶，那在灭火的时候就非常有用了。

山火烧毁树林，使其成为一片焦土，要恢复到之前的样子需要很长的时间。而且如果没有树木的山遇上下雨的话，裸露的泥土会被雨水冲刷卷走而形成泥石流，危及山下的村庄。

然而，雨水污染却日趋严重。

空气中的细小灰尘、汽车排放的尾气以及工厂烟囱排放的煤烟越来越多，它们会进入雨水循环中。

但比起汽车尾气和煤烟，更危险的是核电站逸出的放射性物质，它会严重污染雨水。

我们总是因为想要更便利的生活，而消耗过多的能源，以至于汽车尾气、煤烟以及放射性物质等污染物越来越多，雨水受到的污染也日趋严重。

雨水是所有水的源头，如果受到污染，地球上生活的各种动植物都会生病，江河和大海里的生物也会生病。

最终需要饱腹的人类也会遭殃，甚至有性命之忧。

难道不能让雨水重新回到干净的状态吗？

环顾一下四周吧，我们能做的事情有很多。努力保护并维持环境的整洁，我们就可以阻止雨水受到污染，使其成为安全的资源。

零食包装等
垃圾不能随
意丢弃。
可回收物
厨余垃圾
有害垃圾
遛狗的时候，
记得带上装便
便的袋子。
多种树，可
以让空气变
得更清新。

我们把雨水看作珍贵的资源加以利用，
就能更好地保护地球。
因为雨水是珍贵的水源，
有了它，我们和自然界中的各种生物才得以延续。

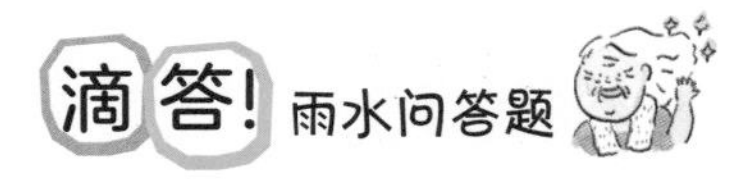

1. 我们的祖先种地的时候，把雨水存储在什么地方？

①水缸　　②仓库　　③水塘　　④井

★见本书6~7页

2. 下图中农夫所说的“农田”是什么田地？

_____是利用山势自然留存雨水而形成的田地。

★见本书6~7页

回答：_____________

3. 雨水渗入地下汇聚而成的水，称为什么？

①自来水　　②地下水　　③河水　　④溪水

★见本书14~15页

4. 如何接存雨水呢？正确的画O，错误的画X。

① 从刚开始下雨的时候就接存。（　　）

② 存储雨水的水桶要放在温暖的地方保管。（　　）

③ 把雨水装入干净的塑料瓶，放在铝膜垫或白铁屋顶上，经过6小时左右的强光照射，就可以杀灭雨水中的致病菌。（　　）

★见本书20~21页

5. 请画出雨水的接存过程。

★见本书21页图

6. 存储的雨水可以用在家中的什么地方?

★见本书22~23页

7. 选出雨水污染的原因，并用“O”标识。

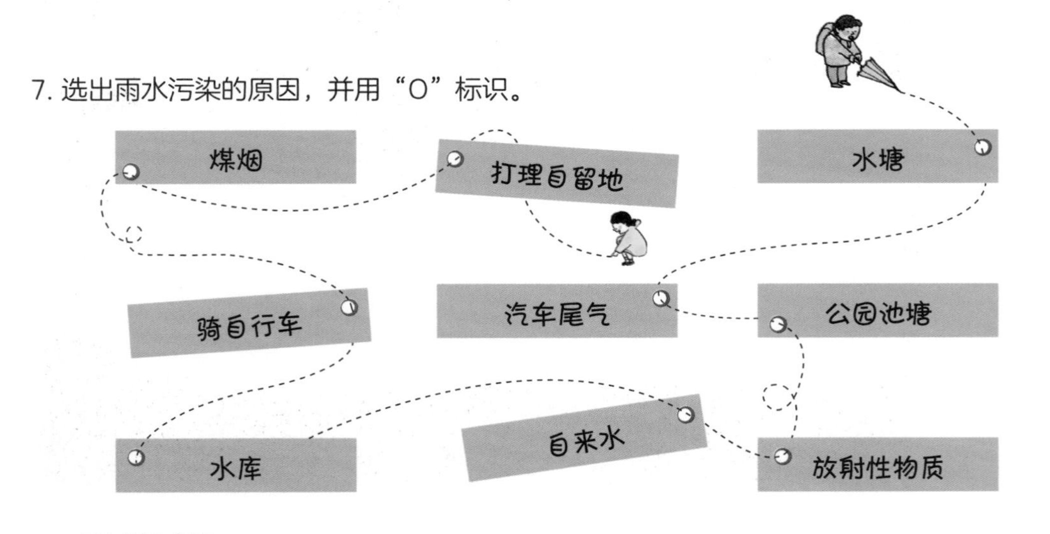

★见本书36~37页

8. 雨水持续受到污染，会发生什么？

①江河和大海里的生物会得病。

②生活在陆地的动植物不会得病。

③即便雨水受到污染，我们也不会有损害。

★见本书40~41页

9. 为获得干净的雨水，我们可以有所作为。请选出以下小朋友做得不对的地方。

★见本书42~43页

★全部答案参见本书54页

作者的话

雨水是最珍贵的水源
让自然界中的各种生物和我们得以延续

下雨的时候，不能外出玩耍，
想去郊游或闲逛却不能出行，为此心情沮丧过。
出门在外突然碰到雷阵雨，也为此惊慌失措过。
现在想来，自己小时候对雨好像没有什么好感。

然而不久前，我看到街边的树木都挂上了水袋，感到非常惊讶。
由于好长时间不下雨，还出现了缺水的地方。
以前只是从别人口中听到的旱灾，如今实实在在地发生在自己身边。
对雨的想法瞬间发生了改变。

随着世界人口数量逐步增长，消耗的水资源也越来越多。
但是人们并不想着节约用水。
这样下去，江河湖水以及地下水等我们可以利用的

水资源会越来越少。

水资源不足，就会有生物消失，从而导致生态环境遭到破坏。

也有些国家因为从大的江河引水而发生争端。

在全世界水资源不足的时候，如果能够将白白流失的雨水储存起来并再次利用的话，对很多人来说都大有裨益。

而事实上在很多国家，人们利用雨水的事例越来越少。

我们要倾注更多的努力，保护我们使用并饮用的雨水免受污染。

请大家在合上这本书的时候，

不要忘记这样一个事实：

因为水的循环，亿万年前的恐龙尿也许会变成雨水从天而降，曾经的雨水也能变成我们今天喝的水，所以，让我们一起珍惜身边的水资源吧。

推荐文

水的珍贵
再怎么强调都不为过

现在我们生活的时代，只要打开水龙头，水就哗啦啦流出来。大家都能非常方便地用水，以至于很多时候都忘了水的珍贵。

地球上的所有生命体都需要水，而雨水就是所有水的源头。雨水不断地给地球补充水分，滋养我们周边的生物。更有效率地利用雨水将成为解决水资源不足这一问题的金钥匙。

地球整体的水量不会随着时间的流逝而发生变化。也就是说，几十亿年来，地球总是维持着相同数量的水资源。今天我刷牙用的水，可能是数百年前地球另一端的洗碗水，也可能是数亿年前的恐龙尿。地球上的水，就是这样通过水循环不停地转化并保持水体洁净。人口越来越多，其所需的水量也相应增加，据说现在一个人每天的用水量是100年前的6倍。

只有人人都节约和保护水资源，才能保证全世界所有人都有足够的水资源。第一步就是要在刷牙的时候使用杯子，洗澡擦肥皂的时候关上水龙头。

给家里或院子里的植物浇水，最好使用接存的雨水。生活中一点一滴的逐渐累积，就能把更洁净的水留给下一代。

韩国自来水博物馆位于韩国最早的净水池——纛岛水源地第一净水池。为纪念自来水供水 100 周年，2008 年改建为博物馆，现为以自来水的历史和文化为主题的上水道专题博物馆。希望各位有机会的话，能够过来看一看，增进对水和环境的理解和热爱，并在生活中养成节约用水的好习惯。

韩国自来水博物馆研究员
郑仁钟

滴答！雨水问答题答案

1. ③ 水塘

2. 梯田

3. ② 地下水

4. ① X　　② X　　③ O

5. 根据21页的图画上雨滴即可。

6. ① 用于清洁院子和洗车。

   ② 用于洗衣房洗衣服。

   ③ 用于浇灌自留地的蔬菜和水果。

   ④ 在厨房把雨水烧开，或用木炭过滤用作饮用水。

7. 煤烟，汽车尾气， 放射性物质

8. ① 江河和大海里的生物会得病。

9. ① 没喝完的牛奶任意倒掉。　③ 不需要清理小狗的粪便，因为这是肥料。

孩子你相信吗？
——不可思议的自然科学书

297.20 元/全 14 册

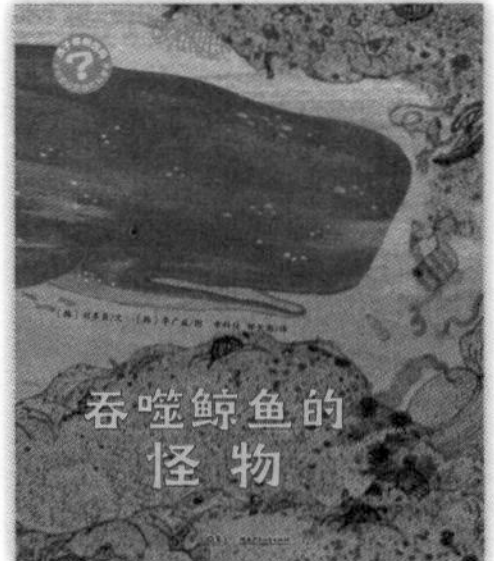

图书在版编目（CIP）数据

天上落下了恐龙尿 /（韩）姜京儿文；（韩）安宁达图；章科佳，徐小晴译 . —长沙：湖南少年儿童出版社，2023.5
（孩子你相信吗？：不可思议的自然科学书）
ISBN 978-7-5562-6830-6

Ⅰ . ①天… Ⅱ . ①姜… ②安… ③章… ④徐… Ⅲ . ①水—少儿读物 Ⅳ . ① P33-49

中国国家版本馆 CIP 数据核字（2023）第 061233 号

孩子你相信吗？——不可思议的自然科学书
HAIZI NI XIANGXIN MA? —— BUKE-SIYI DE ZIRAN KEXUE SHU
天上落下了恐龙尿
TIANSHANG LUOXIA LE KONGLONG NIAO

总 策 划：周　霞　　策划编辑：吴　蓓
责任编辑：吴　蓓　　营销编辑：罗钢军
排版设计：雅意文化　　质量总监：阳　梅

出 版 人：刘星保
出版发行：湖南少年儿童出版社
地　　址：湖南省长沙市晚报大道 89 号（邮编：410016）
电　　话：0731-82196320

常年法律顾问：湖南崇民律师事务所　柳成柱律师
印　　刷：湖南立信彩印有限公司
开　　本：889 mm × 1194 mm　1/16　　印　　张：3.5
版　　次：2023 年 5 月第 1 版　　印　　次：2023 年 5 月第 1 次印刷
书　　号：ISBN 978-7-5562-6830-6
定　　价：22.80 元